DES ARBRES A CIDRE

ET DU PRUNIER

EN FAUCIGNY

(Arrondissement de Bonneville.)

MÉMOIRE

Présenté à la séance annuelle
de la Société départementale d'agriculture
de la Haute-Savoie

PAR

L'ABBÉ GEX

Ancien supérieur du Collége Chappuisien d'Annecy
Membre de la Société départementale d'agriculture.

DÉPÔT LÉGAL
Haute-Savoie
1865

ANNECY
IMPRIMERIE DE LOUIS THÉSIO

1865

DES ARBRES A CIDRE

ET DU PRUNIER

EN FAUCIGNY

(Arrondissement de Bonneville.)

MÉMOIRE

Présenté à la séance annuelle
de la Société départementale d'agriculture
de la Haute-Savoie

PAR

L'ABBÉ GEX

Ancien supérieur du Collège Chappuisien d'Annecy
Membre de la Société départementale d'agriculture.

ANNECY

IMPRIMERIE DE LOUIS THÉSIO

1865

« Mais le prix du cidre, me dira-t-on, aussi réduit qu'il est lorsque la récolte en est un peu
abondante, n'offre pas aux cultivateurs une rému-
nération suffisante pour que, après leur consommation personnelle, ils attachent un si grand intérêt à augmenter ce produit agricole, dont la
manipulation est toujours gênante, toujours coû-
teuse, dans une saison, en automne, où les occu-
pations sont telles, en Faucigny surtout, pays d'é-
migrations, qu'on a de la peine à s'y procurer des
ouvriers pour les travaux les plus indispensables. »

Oui, assurément, le prix du cidre à 6 ou 8 centimes le litre, comme il s'est vendu dans quelques-unes de nos vallées, en 1862 et en 1864, ne
saurait tenter la spéculation de l'agriculture ;
d'autant plus que, indépendamment des frais assez
élevés qu'entraîne sa confection, il n'y a rien de
plus incertain que la récolte de cette boisson, dans
les conditions actuelles de la culture de nos arbres.

Cette difficulté, assez grave dans l'état présent
des choses, s'évanouit bientôt, si l'on arrive, d'une
part, à réduire de beaucoup les frais de la fabrication du cidre et à en étendre la consommation,
et d'autre part, à en rendre la récolte plus abondante et plus sûre.

Or, rien de plus facile : en premier lieu, vous
pouvez simplifier les moyens de la confection du
cidre et en diminuer la dépense si vous employez
la rape à fruit, instrument des moins compliqués,
du prix modique de 60 à 70 fr. au plus, et partant accessible à toutes les bourses.

Ce n'est pas le seul avantage que la rape ait
sur la meule à cidre : elle est encore beaucoup plus
expéditive, quel qu'en soit le moteur, l'eau ou le
cheval, ou le bras de l'homme; et, dans ces deux
derniers cas, il serait fort possible de la rendre
mobile et transférable chez les propriétaires que
par là-même elle dispenserait de transports assez

incommodes et plus ou moins coûteux, peut-être même impossibles dans bon nombre de localités montueuses.

Ce n'est pas tout : la rape convertit en petits grains, en semoule, pour ainsi dire, le fruit, bien que très mûr et depuis longtemps conservé, d'où un jus plus limpide et tout de suite potable coule plus promptement et sans tant d'efforts, tandis que la meule a l'inconvénient, chacun le sait, de broyer, de triturer trop menu les fruits; elle les pétrit en quelque sorte, notamment lorsqu'ils ont demeuré en tas pour acquérir leur seconde maturité, soit le développement des principes saccharins, ainsi qu'on le pratique en Normandie, et comme on devrait partout le faire pour obtenir une bonne qualité de cidre, au lieu d'un verjus âpre et peu engageant. La meule à cidre, disons-nous, réduit les fruits en une vraie pâte d'où il est très difficile, très coûteux d'exprimer le jus. Et quel jus? Il est si épais, si chargé de pulpe, que de longtemps il ne saurait être potable. De plus, il dépose au fond du tonneau, et à pure perte incontestablement, une incroyable quantité de lie. A ceux qui douteraient des avantages de la rape à cidre, nous conseillerions de s'en édifier là où, en dépit de la routine, elle est en usage, à Samoëns, entre autres, où déjà il en existe une quinzaine, tant à bras qu'à eau, et dont on se loue généralement sous tous les points de vue que nous venons d'indiquer.

Voulons-nous poursuivre notre système d'économie? Eh bien, aux engins volumineux, embarrassants et dispendieux de pressurage qui sont employés actuellement, substituons un procédé bien plus commode, bien moins cher et dont le succès paraît devoir être incontestable. Le voici : votre fruit rapé ou broyé d'une manière quelconque, mettez-le dans une cuve bien conditionnée, exactement cylindrique et dont le fond soit appuyé; posez dessus un bonnet soit couvercle qui, avec sa forme circulaire s'adapte parfaitement aux bords intérieurs de la cuve, ensuite chargez-le au fur et à mesure que le soutirage le demandera. Et si vous tenez à économiser du temps, attendez que la fermentation se soit déclarée, pour lors le cidre s'exprimera plus clair et plus promptement. Opérant sur une grande quantité, et possédant chez vous ce nouveau pressoir, vous n'éprouverez ni inconvénient ni regret à mettre un peu plus de temps au pressurage qu'on n'y en met communément, et ce temps, quelques heures, produira autant d'effet que les forces concertées de plusieurs hommes. Au surplus, le fruit est-il très abondant et le loisir vous manque-t-il? En outre, êtes-vous dans l'intention de distiller le marc de votre cidre, puisque dans nos vallées ce marc recèle une assez grande quantité d'alcool pour qu'il y ait avantage à l'en extraire? Pour lors, hâtez-vous, sans vous inquiéter du liquide non exprimé, vous trouverez une compensation dans une plus grande quantité d'eau-de-vie qui vous embarrassera moins que le cidre.

Ainsi, au moyen des deux instruments dont nous venons de parler, et que la plupart des propriétaires sont à même de se procurer aisément, chacun aura la facilité de confectionner son cidre chez soi, exempt de droits de circulation, de pressoir, de frais de transport et de déplacement. Et, ce qu'il y a de bien plus précieux encore, il sera libre de se livrer à ce genre de travail suivant ses loisirs et ses convenances, pendant les jours de pluie ou dans les longues soirées d'automne.

J'allais vous indiquer d'autres procédés, également très économiques, qu'il serait avantageux de connaître et d'employer dans notre pays; mais, craignant que leur exposé n'occupe ici trop de place, je me bornerai, pour le moment, aux petites innovations que je viens de conseiller, sauf à y revenir plus tard, alors que nous examinerons tout le parti qu'on peut tirer du fruit à cidre, et

que nous verrons combien est défectueux le mode
de pressurage au moyen de la toile, adopté dans
beaucoup de communes, au lieu de la paille.

Nous continuerons donc le développement de
notre thèse et nous dirons en second lieu que,
tout en admettant que le cidre, dans certaines localités montueuses, s'est livré à des prix vraiment
minimes ces années dernières, je me hâterai de
faire observer que cela provient essentiellement
de la difficulté, pour ne pas dire de la nullité des
voies de communication actuelles, lesquelles, inac-
essibles à la voiture, ne permettent la circulation
et le transport du cidre, pour le commerce, qu'en
des quantités tout-à-fait insignifiantes. Qui ne
voit qu'en ce cas le débit en est forcément limité
et les prix fort réduits?

Mais aussi, viennent les améliorations projetées
en fait de voirie, et déjà quelques-unes sont en
pleine exécution sur divers points du départe-
ment; vienne cette facilité de transport qu'on
nous promet, et qui aura lieu, car ce qui s'est ac-
compli en si peu d'années, grâce à la sollicitude
de l'habile magistrat auquel sont confiées nos destinées, nous répond de l'avenir; et pour lors, qui
se résignera, je le demande, à se priver plus longtemps de cette boisson qui, lorsqu'elle a été con-
fectionnée avec soin, est si bonne, si utile, principalement à l'époque des gros travaux? Oui, du
moment que la voiture, jusqu'ici inconnue sur
nos cimes, pourra les gravir et les doter du dou-
ble bienfait de l'importation et de l'exportation,
chacun, en échange d'une partie des denrées qu'il
livrera au négoce, demandera sa part de cette excellente boisson, qui plus d'une fois a rivalisé avec
nos vins blancs, et sur laquelle bien des touristes
se sont mépris. La consommation de ce liquide,
aujourd'hui circonscrite presque exclusivement
chez le propriétaire d'arbres où déjà elle est d'une
si grande utilité, s'étendra et se généralisera jusqu'au sommet de nos montagnes. Ce point admis,

le cidre acquerra du prix, et créera un véritable
revenu pour l'arboriculteur, qui ne tardera pas
à se féliciter d'avoir pris au sérieux les réflexions,
aussi amicales que simples, que je lui adresse au
nom de nos Sociétés d'agriculture.

Je passerai outre cette observation *que la cul-*
ture de la vigne, s'étendant prodigieusement en
France depuis quelques années, que l'oïdium dis-
paraissant de plus en plus, il s'en suivra que le vin
abondera et se livrera probablement à 14 ou 15 fr.
l'hectolitre, qu'alors la consommation du cidre sera
à peu près nulle, ou tout au moins très limitée. Je
passerai outre, dis-je, par la raison que, supposé
même que la conjecture qu'on fait dût se réaliser,
serait-il moins vrai d'affirmer que l'arbre à cidre
sera toujours bien précieux en Faucigny; car,
quand bien même le vin ne se vendrait sur place,
je le suppose, que 14 à 15 fr. l'hectolitre, ne de-
viendrait-il pas trop cher encore pour un grand
nombre de nos compatriotes de la montagne, qui,
au prix d'achat, devraient ajouter de 8 à 10 fr.
pour frais de transport? Veuillez convenir que la
situation viticole, aussi favorisée qu'on veut bien
le dire, n'empêcherait point le paysan de donner
la préférence au cidre. D'ailleurs, personne mieux
que lui n'apprécie l'avantage de ne pas sortir et
porter à l'étranger un numéraire dont il mesure
la valeur aux difficultés qu'il éprouve à l'acquérir.
Qui ne sait que son grand problème, à lui, est
de se suffire, autant que faire se peut, dans son
petit domaine, et que tous ses efforts tendent
à cette heureuse solution.

Puissent ces quelques réflexions sur les avantages des arbres à cidre, en Faucigny, y être ac-
cueillies favorablement et ne pas demeurer sans
résultat.

Quant à ce que nous avons à voir sur la culture
des arbres dont il est question, je suivrai la voie
battue en ce qui regarde les principes généraux,
que je rappellerai très brièvement, en y ajoutant

quelques observations spéciales à notre pays, et dues, pour la plupart, à mes propres expériences.

2° *Culture des arbres à cidre.* — Le Faucigny, si remarquable, en général, par sa riche végétation arborescente, serait susceptible d'avoir beaucoup plus d'arbres fruitiers. Ainsi, non seulement on pourrait en ajouter aux vergers qui entourent les habitations, mais il faudrait en cultiver en quantité aux abords des champs et des prairies, le long des chemins et des sentiers, dans les ondulations et plis de terrain, sur le versant de nos collines, de celles, entre autres, qui sont marquées par de profondes irrégularités et que l'ancien langage a dénommées *combes.* Soyons de bon compte : que de parcelles de terre, condamnées jusqu'à ce jour à demeurer improductives, où cependant le pommier et le poirier réussiraient parfaitement, si l'on daignait s'en occuper avec tant soit peu de goût, et donneraient une précieuse récolte là où se développent démesurément aujourd'hui des haies stériles ou bien des arbres de chauffage de peu de valeur ! Les arbres sur un seul rang, comme ils le sont près des chemins, au bord des champs, etc., bien que rapprochés les uns des autres, étant sans obstacle sous l'influence d'une vive lumière et des rayons fécondants du soleil, portent des fruits plus gros, plus alcooliques et plus savoureux que ceux des vergers où, pour l'ordinaire, les arbres, agglomérés, s'ombragent mutuellement, refroidissent le sol, et ne produisent bien souvent que du fruit plutôt chétif et de qualité médiocre.

Nous dira-t-on que près des chemins les arbres ne réussissent guère? J'en conviens volontiers; mais à qui la faute? Au propriétaire lui-même, qui n'en a aucun souci. D'abord, bon nombre de ces arbres il les a laissé croître spontanément au milieu d'une haie, privés par conséquent des avantages de la transplantation qui en elle-même est déjà un bénéfice, au point de vue de la fructification, abstraction faite de l'amélioration qu'on fait subir au sol que l'on prépare à recevoir un arbre, abstraction faite de la disposition artificielle des racines, autant de circonstances favorables dont manque un arbre non transplanté. Ensuite, quant aux autres arbres, je veux même qu'ils aient été plantés, mais ils l'ont été négligemment, et n'ont reçu dès lors à peu près aucun soin. Au contraire, on aurait dû, après les avoir plantés suivant les prescriptions que nous trouverons plus loin, on aurait dû et désormais on devra les repiquer de temps en temps et les tailler, les protéger par de bons tuteurs et par des épines, si c'est nécessaire, contre les étourderies des enfants, contre la pétulance des bestiaux, puis surveiller de manière à les garantir contre ce qu'on appelle le gaspillage, soit la maraude, désordre que tout propriétaire devrait, dans un intérêt commun, faire disparaître par tous les moyens qui sont à sa disposition. D'ailleurs, il va sans dire que près des voies publiques il faut préférablement cultiver des arbres à cidre, dont le fruit n'est pas mangeable.

Une dernière observation : elle est relative aux arbres cultivés dans des coins de terre totalement gagnés par cette industrie agricole. J'avoue que, malgré tous les soins possibles, ces arbres n'auront peut-être jamais la végétation luxuriante de ceux qui occupent le terrain de premier choix ; j'avoue de plus qu'ils ne prendront, quant à l'ensemble, qu'un développement lent et ordinaire ; mais, nonobstant cela, ils ne laisseront point d'être encore fort précieux, puisqu'ils végèteront là où il n'y avait auparavant qu'épines, broussailles ou mauvaises herbes, là où nul produit n'était recueilli. Oui, ils seront d'autant plus précieux qu'ils vont rémunérer vos soins par des récoltes, sinon abondantes, du moins hâtives et d'excellente qualité. D'un autre côté, s'ils ont une vé-

gétation commune, ils n'en auront que plus de
durée, et fourniront un bois à tissu fin et serré
qu'on emploie avantageusement en menuiserie.

Au surplus, bien dressés, bien conformés, quelle
qu'en soit la dimension, ne récréeront-ils pas
agréablement la vue des habitants, beaucoup plus
que l'ancien état négligé des terrains qu'ils occupent ? Ne stimuleront-ils pas puissamment le goût
des cultivateurs? Demeurons donc d'accord sur
ce point, qu'il importe de s'ingénier pour multi-
plier les arbres dans tous les endroits qui, jusqu'à
ce jour, presque totalement stériles, se prêteraient
néanmoins à cette importante culture.

Je me reprocherais une omission de quelque
importance à propos du sujet qui nous occupe, si
je n'ajoutais encore que notre pays, aussi acci-
denté qu'il l'est, peut plus que nul autre nous favoriser habituellement d'une quantité de fruits
plus ou moins grande, pourvu que nous ne nous
bornions pas à un verger, quelque étendu qu'il pût
être, mais que nous dispersions nos arbres sur un
très grand nombre de points, et à des expositions
très variées. Si elles diffèrent entre elles par une
altitude de plusieurs mètres, de 20, de 50 par
exemple, et même de 100, ce qui se rencontre
dans nos montagnes, les conditions de la fructification changent d'une manière étonnante. Il est
donc avéré qu'avec une multitude d'arbres, ainsi
dispersés, il y a tout lieu d'espérer que chaque
année produira son contingent de fruits, et que
cette chance n'existerait pas si l'on continuait à
concentrer les arbres dans un même local, fût-il
tout-à-fait privilégié.

Choix des arbres. — Il est tout naturel de se
demander quels arbres on doit préférer pour une
plantation. On rencontre quelquefois dans les fo-
rêts des pommiers et des poiriers sauvages :
pourvu qu'ils ne soient pas trop vieux et qu'ils
puissent s'arracher avec la majeure partie de leurs

racines et de leur chevelu, ils ne manqueront pas
de réussir, par la raison qu'ils seront placés dans
un meilleur terrain. Je dirai plus : si l'on peut les
mettre en terre immédiatement après la déplantation, ils seront préférables à ceux qui, provenant de semis, sont restés longtemps arrachés.

Néanmoins, la multiplication normale de l'arbre fruitier, c'est le semis; les individus qui en
naissent sont toujours plus vigoureux et d'une
plus longue durée. Le semis est donc chose bien
importante en arboriculture.

Le semis. — Sauf peut-être quelques rares ex-
ceptions, qui ne sont pas parvenues à ma con-
naissance, l'opération du semis se pratique mal
dans notre arrondissement. C'est au point que,
suivant la remarque qui en a été faite dans un
grand nombre de localités, la pépinière ne fournit
des sujets propres à être entés qu'au bout d'une
dizaine d'années, le triple du temps, je dirais,
qu'il faudrait si l'on procédait avec les soins vou-
lus. On ne sait pas établir un semis.

J'ai vu de mes propres yeux comment on s'y
prend : en automne, aussitôt après la fabrication
du cidre, on sème en grande quantité du marc
de fruit dans une terre qui ne subit d'autre préparation que celle d'un labour ordinaire. Les
mieux avisés d'entre les agriculteurs ouvrent autour de la pépinière un sillon où ils enfouissent
des branches de genevrier, pour protéger les se-
mences contre les rongeurs. Tel est tout le sa-
voir-faire en usage dans nos campagnes. Or, est-il
rien de plus incomplet, pour ne pas dire de plus
défectueux ? En premier lieu, les pepins ne sont
pas choisis, il s'en trouve de très chétifs, ils sont
à des profondeurs très différentes, où la germination s'accomplit mal et très inégalement. Ensuite, comme on répand à grandes poignées le
marc, il arrive que les pepins sont répartis sans
uniformité et même agglomérés par place; d'où

il résulte qu'ils ne peuvent recevoir aucun soin sans être transplantés, ce qui entraînerait un retard considérable, ce qui ne se pratique que très rarement. Il est assez reçu qu'on laisse languir de longues années un semis, et qu'on se contente de le débarrasser de l'herbe, lorsqu'elle est parvenue à une certaine hauteur. Encore une fois, rien de plus défectueux que nos semis, tel qu'on les fait généralement.

Après cet exposé, traçons en peu de mots la marche à suivre dans la confection d'un semis et dans l'éducation des jeunes arbres.

Le succès d'un semis dépend avant tout du choix des graines, ensuite, de l'époque où elles sont mises en terre, ainsi que de la qualité du terrain.

Prenez les graines dans les plus beaux fruits et en même temps les plus sains, d'origine récente, parvenus à une complète maturité, et cueillis sur des arbres voisins d'arbres de même essence, mais de variétés différentes ; sur des pommiers, par exemple, voisins d'autres pommiers de fruits différents, et ainsi des poiriers. Ensuite, choisissez les pepins eux-mêmes parmi les pepins les plus sains, les mieux développés, les mieux constitués.

Quant à la saison la plus favorable pour les semis de pommiers et de poiriers, nombre de propriétaires préfèrent l'automne ; en effet, cette saison convient parfaitement pour les terrains très légers, exposés à la sécheresse dès le début du printemps, mais non pour les terres argileuses, où les pepins, trop longtemps dans l'humidité, risqueraient de pourrir, si d'ailleurs ils n'étaient pas détruits par les gelées. En somme, les inconvénients qu'entraînent communément nos hivers, l'effet des grands froids, les dégâts des animaux rongeurs, tels que rats et autres, bien qu'il soit possible de protéger une pépinière par les rameaux d'arbustes épineux, nous entraînent à déclarer que dans notre climat, il vaut mieux attendre le printemps. C'est pourquoi, vos pepins étant bien choisis, comme nous l'avons expliqué plus haut, placez-les dans un vase ou une caisse, en lesmélangeant, couche par couche, avec du sable frais, mais non humide. Enterrez ce vase dans le jardin, sans l'exposer à une trop grande humidité; couronnez-le d'une butte de terre un peu serrée, afin de le garantir des eaux pluviales. Dans le courant de mars, lorsque la germination aura commencé, déposez les pepins sur une terre très douce et fort meuble, bien fumée et défoncée à une profondeur de $0^m,60$ à 1 mètre environ, à la bêche ou à la pioche, en ramenant les couches inférieures à la surface, laissant entre eux une distance de $0^m,35$ (soit un bon pied) dans des lignes distantes entre elles de $0^m,80$ (presque deux pieds et demi) et couvrez-les de 1 à 2 centimètres de bon terreau. Il est à noter que cette couche de terreau, suffisante pour des terres argileuses, ne le serait pas pour des terrains menus et sablonéux.

Ce mode de semis, s'il était adopté dans notre arrondissement, y produirait les plus heureux effets; je ne doute pas qu'au bout de deux ou trois ans, un grand nombre de jeunes arbres ne pussent recevoir la greffe en écusson, et se trouver assez développés pour être transplantés. Or, personne n'ignore qu'avec le système suivi jusqu'à présent, il faudrait dix à quinze ans pour arriver aux mêmes résultats.

Un autre avantage de notre semis, c'est que le choix attentif que vous aurez fait des pepins vous dispensera de l'opération du *greffage* (1), relativement à un grand nombre de sujets dont le fruit sera reconnu excellent pour le cidre. A l'inspec-

(1) Greffage, expression du journal agricole le *Sud-Est;* à mon avis, si ce mot n'est français, il mérite néanmoins de l'être, comme celui de *greffon* à la place de *greffe,* bourgeon; on ne me blâmera pas, je l'espère, d'en faire usage comme synonyme du mot greffe.

tion des boutons arrondis, des bourgeons armés
de grosses et fortes épines, à l'inspection de l'é-
corce lisse, vive et nette, des feuilles larges et
épaisses, il est aisé de s'assurer de la qualité souvent exceptionnelle des fruits d'une pépinière.
C'est ce que notre expérience nous a démontré.
Et n'est-ce pas par le bienfait providentiel du semis parfaitement exécuté que les sociétés pomo-
logiques, celle de Lyon principalement, découvrent
chaque jour de nouvelles et délicieuses espèces de
fruits ?

On n'oubliera pas que les jeunes arbres qui
perdent leurs feuilles aux extrémités avant celles
du bas, ce qui est contre nature, puisque les dernières venues doivent tomber les dernières, ont
une organisation altérée et sont à rejeter.

Nous dirons tout le contraire de ceux qui poussent avec une égale vigueur dans toute leur économie, dont la tige est droite, sans mousse, sans
nœud et sans indice de chancre.

On est quelquefois enchanté de voir de jeunes
arbres se mettre à fruit dans la pépinière, mais
c'est généralement à tort, car cette fructification
prématurée annonce précisément leur peu de vigueur ; ils s'épuisent bientôt et périssent peu
d'années après leur transplantation. On sait cependant qu'il y a des arbres qui, sans cesser d'ê-
tre vigoureux, se mettent tout de suite à fruit.
Ceux-là, lorsqu'on les connaît, on ne doit pas les
rejeter, mais choisir encore ceux qui dénotent la
plus belle végétation.

Plantation de l'arbre. — En propriétaire intelligent et soigneux, vous avez, je le suppose, une
pépinière qui vous fournit vos arbres ; et, si le
terrain est favorable, pourquoi n'en auriez-vous
pas à donner à vos amis ou à livrer au commerce ?
Dans ce cas, lorsque vous devrez en arracher, pro-
fitez d'un beau temps, ayez du loisir, et n'employez point d'effort pour la déplantation , avant

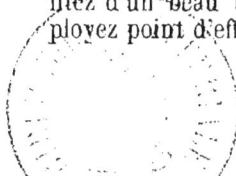

d'avoir détaché toutes les racines; ensuite, ne laissez celles-ci exposées à l'air que le moins de temps possible, et préservez-les de la gelée.

Etes-vous obligé, contre vos prévisions, de suspendre la mise en terre, ayez soin de placer les arbres en jauge, à l'abri du froid et du vent, c'est-à-dire dans une tranchée peu profonde, les uns à côté des autres et verticalement, sans entremêler les racines; jetez, après cela, assez de terre sur le pied pour qu'ils puissent se tenir debout.

Le succès de la plantation dépend en grande partie de la qualité du sol. S'il n'est pas naturellement bon, il faut à tout prix l'amender. Et, en toute hypothèse, un peu de préparation ne peut qu'être utile; les creux, on les pratique quelque temps avant de planter, afin que les couches de terre adhérentes profitent des influences atmosphériques. Ces creux auront $1^m,50$ de largeur, en tout sens, et $0^m,80$ de profondeur, et, au moment de la plantation, on donne encore un labour au fond du creux, de manière que les racines de l'arbre reposent sur une couche de terre remuée à une profondeur de $1^m,50$ environ.

Avant de mettre l'arbre en terre, on fait ce qu'on appelle l'*habillage* des racines, et de la manière suivante : lorsque la plantation a lieu immédiatement après l'arrachage de l'arbre, on se borne à rafraîchir la partie mutilée des racines, sans presque toucher au chevelu. La taille des racines endommagées par la déplantation se fait en dessous et en bizeau, afin que la plaie repose directement et à plat sur la terre. On a remarqué qu'avec cette précaution la cicatrice est plus prompte. Mais si l'arbre est resté longtemps déplanté, si, comme il arrive quelquefois, il a subi de longs voyages, il est nécessaire de rabattre jusqu'au vif toutes les racines, de rafraîchir le chevelu, et même de plonger un instant les racines dans l'eau et mieux encore dans une bouillie de bouse de vache et de crotin de cheval; la terre meuble dont on les garnit s'y colle mieux. Quelque soit l'état de l'arbre, s'il a des racines entremêlées, on supprime les plus mauvaises. Pour celles qui pivotent, on ne peut les laisser subsister que lorsqu'il s'agit d'un sol exceptionnellement bon, profond et non argileux, où l'arbre s'établit plus solidement et se met à couvert de la sécheresse. Dans toute autre sorte de terrains, il est rarement avantageux de laisser pivoter. Il est arrivé qu'en arrachant de très gros arbres, on a trouvé dessous des dalles évidemment placées de main d'homme, et dans le but d'empêcher le pivotage. Ainsi, en thèse générale, disposez horizontalement les racines au pied de l'arbre, dans toutes les directions, en lui donnant toutefois plus de solidité du côté de la pente, si on le place dans un terrain à plan incliné, et en ayant soin aussi de le prémunir contre le vent qui domine dans la localité, et à faire pousser les racines dans la bonne terre, parallèlement à la surface du sol. Faites pénétrer une terre bien meuble entre les racines de sorte qu'il n'y reste aucun vide; avant d'achever, de combler, piétinez légèrement autour de l'arbre. Et, au printemps, pratiquez un petit auger circulaire, afin que les eaux pluviales s'y arrêtent et humectent mieux les racines, comme également on couvre d'un peu de litière le périmètre du creux, si l'on craint l'effet des chaleurs. Donnez à vos arbres une position verticale, pour la solidité de la tige et la beauté du coup-d'œil, comme pour faciliter l'ascension de la sève. Placez le tuteur de manière à ne pas blesser l'épiderme ou les racines de l'arbre.

Distance à réserver entre les arbres. — Il est indispensable que l'air et la lumière circulent librement entre les arbres, et que les branches restent constamment assez éloignées d'un arbre à l'autre pour ne pas se toucher et encore moins s'entremêler. Conséquemment, eu égard à leur espèce, eu égard à la qualité du sol, au climat, ils se mettent, dans un verger, de six à huit mètres de distance ; mais le long d'une route, au bord d'un champ, ils peuvent être un peu plus rapprochés, et c'est souvent un bien ; ils s'abritent mutuellement contre les vents.

Etes-vous obligés de remplacer un arbre qui a péri par un autre de même espèce, comme un pommier par un pommier, etc., il faut nécessairement, dans cette supposition, changer en totalité la terre extraite du creux où l'on se propose de planter le nouvel arbre ; ce n'est qu'à ce prix qu'on peut compter de le voir réussir et prospérer, parce que la vieille terre est censée être épuisée des sucs nourriciers que réclament de tels arbres. D'après cette donnée, il ne faudrait peut-être pas placer à côté les uns des autres beaucoup d'arbres de même essence et qui s'alimentent de sucs identiques, afin de ne pas épuiser le sol. D'autre part, ceux qui soutiennent l'avis contraire, vous répondent que les mêmes arbres présentent plus de régularité, qu'ils rendent la récolte plus aisée et vraisemblablement plus assurée et même de meilleure qualité, à cause de la transmission entre congénaires de la poussière fécondante, au moment de la floraison.

Epoque de la plantation. — C'est en automne, après la chute complète des feuilles, qu'il convient de planter le pommier et le poirier ; alors la terre se tasse autour des racines et les garnit mieux que ne pourrait le faire la main de l'homme. Néanmoins, la plantation au printemps est préférable pour les terrains argileux, froids et humides (1).

Constatons un fait ou plutôt un défaut assez fréquent dans nos campagnes, c'est qu'on plante

_____

(1) Si nous avions dû nous occuper ici du cerisier, j'aurais affirmé que la plantation de cet arbre, en automne, m'a rarement réussi.

trop profondément un arbre quelconque, circonstance qui nuit à la végétation et au fruit,
sous tous les rapports. Plantez de manière que le
collet des racines, après l'affaissement de la terre
du creux, ne soit guère qu'à 10 ou 12 centimètres de profondeur, dans les terrains ordinaires,
car le sol sec et sabloneux comporte une plantation un peu plus profonde, sans jamais toutefois
qu'on puisse enterrer le point où l'arbre a été
greffé.

Soins à donner aux jeunes arbres. — S'il est
peu de propriétaires qui s'acquittent bien d'une
plantation, il en est moins encore qui, une fois
l'opération faite, y continuent quelques soins pour
en assurer le succès. Néanmoins, il faut s'en occuper presque continuellement; c'est ce qu'on appelle, et à juste titre, élever un arbre, en faire
l'éducation. Nous allons entrer dans quelques détails à ce sujet. Ne vous contentez point d'avoir,
lors de la plantation, placé de bons tuteurs ; suivant ce que nous en avons dit plus haut, veillez
sans relâche à remplacer ceux qui manqueraient
ou ceux qui ne seraient pas assez solides, à mesure que les arbres prennent de l'accroissement,
ayant sans cesse la précaution de prévenir les dégâts du frottement, en plaçant entre deux un
tampon de paille ou de mousse. Prenez garde de
laisser croître de l'herbe sur le pourtour du pied
de l'arbre; à cette fin, faites-y de temps en temps
un léger binage. Et si, par suite de grandes chaleurs, vous prévoyez qu'il faille recourir tôt ou
tard aux arrosements, n'attendez pas pour cela
que les feuilles commencent à se faner, car dans
cette situation, si vous vous avisiez d'arroser, la
terre étant excessivement chaude autour de l'arbre, l'eau, en y pénétrant, occasionnerait une
fermentation intérieure qui attaquerait les racines et ferait languir, peut-être même périr l'arbre. Vous y êtes-vous pris trop tard, les feuilles

commencent-elles à s'affaisser? Dans ce cas, il
vaut mieux, entre deux maux choisissant le moindre, laisser la plantation souffrir de la sécheresse.
Mais si vous vous déterminez à l'arrosement, vous
préluderez à cette opération en répandant de
l'eau sur la tige et sur les feuilles, avant le lever
ou après le coucher du soleil. Cette mouillure ou
bassinage, réitérée à deux reprises différentes
pendant deux ou trois jours, prépare l'arbre à recevoir sans inconvénient un bon arrosement, soit
deux ou trois arrosoirs ou seaux d'eau, qu'on re-
tient autour de l'arbre par une petite rigole
ou auget circulaire; on fait ensuite un léger binage. Continuez de placer autour de l'arbre la
couche de litière ou d'herbe fanée, ainsi que nous
l'avons déjà indiqué, afin d'y maintenir plus de
fraîcheur. Ce n'est toutefois que la première année après leur plantation que les arbres exigent
d'être arrosés; après, il suffit de les fumer convenablement avec du terreau ou de l'engrais con-
sumé; de leur donner, en ménageant les racines,
une bonne culture avant l'hiver et plusieurs bi-
nages en été, afin que la terre soit débarrassée
d'herbe, qu'elle ne forme pas de croûte et que, se
maintenant fraîche, elle ne cesse d'être perméa-
ble aux agents atmosphériques. Donner de fré-
quents labours aux plantations, c'est dire que vous
les arrosez sans eau et les fumez sans engrais, attendu que le binage supplée jusqu'à un certain
point à l'eau et à l'engrais, mais un binage opéré
prudemment avec la bêche, le trident ou la four-
che, qui n'altère point le pied de l'arbre.

Le greffage. — Cette opération, qui change l'espèce et accélère la fructification, est assez connue, ce
semble, de tout le monde pour que je me dispense
d'en donner la description. Elle doit se faire, autant que possible, par un temps un peu couvert,
par une température douce, et plutôt humide que
sèche. Il est de rigueur que le sujet soit bien en

sève, tandis qu'il suffit que le *greffon* soit sur le point d'y entrer. Vous obtiendrez sans difficulté que le *greffon* ne soit pas aussi avancé que le sujet; à cette fin, coupez-le un peu d'avance, en février ou en mars, suivant la température; puis, fichez-le en terre, un peu à l'ombre, enfoncé jusqu'à la moitié de la longueur.

Prenez les *greffons* sur des arbres vigoureux et fertiles, préférablement sur des branches exposées au sud plutôt que sur celles exposées au nord, ne les laissez pas tremper trop longtemps dans l'eau, autrement vous les exposeriez à moisir et à ne pas se coller. Au cas où vous seriez obligés d'en couper plusieurs à la fois, vous les envelopperiez de linges ou de mousses humides; et s'il s'agissait de les transporter en un lieu éloigné, vous les piqueriez dans une pomme de terre et maintiendriez de l'humidité autour. Gardez-vous de prendre pour *greffons* des branches gourmandes ou ce qu'on appelle lambourdes, vous n'en obtiendriez que du bois. Les dards et les brindilles, qui ne donnent que du fruit, vous ne vous en servirez guère non plus pour greffer, excepté dans le but d'amener à une prompte fructification des arbres jeunes et vigoureux, et, à cet effet, vous choisirez des rameaux couronnés, c'est-à-dire portant des boutons à fleurs à l'extrémité.

Il y a plusieurs sortes de greffages; nous ne parlerons que de ceux qui sont le plus utilement en usage pour les arbres à cidre, et qui sont : le *greffage* en fente, celui en couronne, celui en écusson et celui en productions fruitières.

Le *greffage en fente* se fait par l'insertion d'un rameau, appelé *greffon* ou greffe, dans un tronc d'arbre appelé *sujet*. Ce procédé, presque exclusivement connu et pratiqué dans nos montagnes, et au printemps seulement, pourrait encore réussir, à ce que je crois, en septembre et même en octobre, pourvu qu'il y eût encore assez de sève; les auteurs l'enseignent.

On taille le rameau de la greffe près d'un œil, de sorte que cet œil se trouve au niveau de l'aire de la coupe du sujet, et non engagé dans la fente, afin que l'empâtement de cet œil recouvre plus vite la plaie sans faire un trop fort *nodus*. Quand la greffe peut conserver son œil terminal, elle pousse plus vigoureusement, par le motif que la succion de la sève, en ligne verticale, est plus forte que celle qui a lieu en direction latérale et oblique.

Les meilleurs yeux sont sur la partie moyenne du rameau; ceux d'en bas sont trop maigres, ceux du haut trop volumineux et pas assez mûrs.

Aussitôt après l'insertion de la greffe dans le sujet, recouvrez soigneusement la plaie avec du mastic à greffer ou avec de l'onguent de Saint-Fiacre (1) ou tout uniment avec de la terre glaise pétrie; vous en appliquez sur tous les joints de la fente, pour que l'air n'y pénètre pas, et vous enveloppez le tout d'un vieux linge ou d'une couche de mousse, que vous liez sans trop serrer. Vous accomplissez à grande hâte cette opération, afin que l'air ne dessèche pas les coupures. Tous les bourgeons qui poussent au-dessous de la greffe, pendant l'été, vous avez soin de les ôter à mesure qu'ils paraissent.

Le *greffage en écusson* se fait au moyen de l'écorce seule, et consiste à enlever à un rameau de l'année une lame d'écorce, au milieu de laquelle se trouve un œil bien mûr et bien constitué. On l'insère sous l'écorce du sujet, de telle sorte qu'à l'exception de l'œil, il soit à peu près complètement recouvert par elle.

---

(1) Onguent de Saint-Fiacre. On appelle ainsi un composé de deux tiers de terre argileuse et d'un tiers de bouse de vache, mélangés à l'état de pâte.

Il y a plusieurs sortes de mastics à greffer. Ils ont pour base la résine; on les trouve chez les droguistes, et ils sont préférables pour greffer à froid, c'est-à-dire à l'*œil dormant*, à *greffon dormant*.

Lorsquè vous couperez un rameau pour y prendre des écussons, afin d'éviter l'évaporation qui dessèche assez promptement, vous en supprimerez aussitôt l'extrémité encore tendre, ainsi que toutes les feuilles, dont cependant vous conserverez un centimètre à peu près de leurs pétioles (queue de la feuille); cela vous servira à saisir plus commodément l'écusson dès qu'il sera détaché.

Avant de détacher l'œil du rameau, il faut vous assurer qu'il est à bois et non à fruit. Vous ne pourriez faire usage des boutons à fleurs, étant seuls, que pour mettre à fruit des arbres stériles et non pour créer de jeunes arbres. C'est là une idée essentielle que j'aime à répéter. Le bouton à fleurs se distingue de celui à bois, en ce qu'il est plus arrondi, plus développé et plus avancé en végétation.

Vous posez l'écusson sur le jeune bois, qui a plus de sève et dont l'écorce, plus souple, se lève plus aisément et recouvre mieux l'écusson. Vous liez sans couvrir l'œil, sans trop serrer, avec du gros fil de laine ou avec une lanière d'écorce de saule, de mûrier, d'accacia, de tilleul ou autre lien souple et élastique (1).

Ce greffage s'effectue au printemps ou à la fin de l'été; dans le premier cas, il est appelé à l'œil *poussant*, et dans le second, il est à l'œil *dormant*, car l'œil ne se développe ordinairement qu'au printemps suivant. Si au bout de quelques jours vous vous apercevez que le greffon ne prend pas, et alors que le pétiole se ride sans tomber, vous pourrez opérer de nouveau tant que dure la sève.

Sitôt que vous verrez que l'écusson à œil *poussant* a repris, vous ôterez le sujet à plusieurs centimètres au-dessus de la greffe, en conservant encore quelques feuilles sur cette partie pour y

(1) Suivant quelques amateurs, il serait bon de couvrir le tout, hormis l'œil, d'un peu de mastic ou de mousse, ensuite lier.

attirer la sève; et lorsque l'écusson pousse décidé-
ment, vous achevez de supprimer tout ce qu'il y
a de bourgeons au-dessus et au-dessous de lui;
mêmes observations quant à la greffe à l'œil *dor-*
mant pour les premiers jours de printemps, etc.

On greffe rarement chez nous en écusson, et
c'est d'autant plus fâcheux que ce procédé a plus
d'avantages : premièrement, il n'endommage ni ne
défigure l'arbre, et en cas d'insuccès, l'opération
peut se réitérer au bout de quelques jours, si
l'état de la sève le permet; deuxièmement, il écono-
mise du temps; en troisième lieu, il accélère la
fructification beaucoup plus que le greffage en
fente; enfin, ayant lieu deux fois l'an, en été, par
exemple, alors que celui en fente ne peut se faire,
il fournit au greffeur toujours plus de loisir et de
facilité pour s'en occuper. C'est aussi pour cette
raison que j'aimerais à voir mettre en pratique
parmi nous le greffage en fente d'automne, soit à
bourgeon dormant. L'expérience de nos pères
leur a-t-elle démontré que notre climat ne comporte pas ces sortes de greffages aux époques qui
viennent d'être indiquées? Nous ne savons. Mais
il est sûr que, ne greffant guère qu'à une époque,
au printemps, intervalle pour l'ordinaire très
court dans notre pays, et n'ayant, surtout à la
montagne, que fort peu d'ouvriers pour l'arboriculture, parce qu'on a déjà émigré en ce moment,
les propriétaires qui ne savent ou ne peuvent pas
eux-mêmes greffer leurs arbres, renvoient d'année en année cette importante opération et la né-
gligent étrangement.

Le *greffage en couronne* offre de grands rapports
avec celui en fente; il en diffère toutefois en ce
que les rameaux à greffer sont entaillés, non pas
des deux côtés, comme pour la fente, mais d'un
côté seulement, pour être inséré sous l'écorce du
sujet, légèrement soulevée au moyen d'un petit
coin de bois dur qu'on enfonce de quatre à six
centimètres pour y engager le greffon. On a la

facilité d'insérer circulairement plusieurs rameaux
autour du tronc. C'est de là qu'est venu le nom
qu'on donne à ce procédé. On applique après une
ligature circulaire en grosse laine ou autre lien
élastique, et l'on enduit les surfaces entaillées et
les plaies, comme nous l'avons expliqué touchant
le greffage en fente.

Cette espèce de greffage, notamment lorsqu'il
s'agit de tiges ou branches d'un certain diamètre,
est bien préférable à celui en fente; il exempte de
fendre le sujet, qui, à raison de son épaisseur, ne
s'accommoderait pas toujours d'une opération de
laquelle il pourrait être exposé à une humidité
pernicieuse; de plus, il abrège prodigieusement
et fait gagner un temps précieux. En considéra-
tion de ces deux avantages, on doit, sans hésiter,
appliquer le greffage en couronne aux gros arbres
stériles qu'il s'agirait de mettre à fruit, et dont il
faudrait par conséquent enter la majeure partie
des branches.

On me permettra ici d'exposer brièvement ce
que l'expérience m'a appris concernant le greffage en couronne. Ne sachant m'expliquer pourquoi mes compatriotes employaient si rarement,
ou plutôt n'employaient pas ce procédé, qui pour-
tant me paraissait, en théorie du moins, devoir
nous convenir, j'ai voulu, en 1863, l'expérimenter dans ma petite propriété, et j'affirme que le
succès a dépassé mon attente. Tous les greffons
traités de cette manière ont, sans exception, fait
de belles pousses, tandis que ceux en fente, la
saison n'ayant pas été favorable, ont séché au tiers,
pour ne rien dire de plus. Et ce printemps, la
même expérience faite par mes ordres sur des
arbres, poiriers et pommiers, dont je voulais changer le fruit ou qui étaient stériles, et dont la
plantation date au moins de 25 ans, d'une grande
dimension par là même, a de nouveau parfaitement réussi. Il est vrai que (je vais le dire dans
l'intérêt peut-être de la physiologie végétale),

n'ayant pas vu pratiquer ce genre de greffage,
il m'est arrivé, soit par l'effet du hasard, soit par
induction, de le modifier quelque peu. Ainsi, au
lieu d'insérer le rameau entre le bois et l'écorce
du sujet, au moyen d'un petit coin de bois dur,
nous avons fendu verticalement cette écorce, dont
nous avons levé les deux lèvres avec un greffoir
pour les ramener sur le rameau, puis nous avons
lié circulairement le tout avec un osier, sans trop
serrer cependant, de crainte de contrarier la circulation de la sève. De plus, au lieu de laisser in-
tacte toute l'écorce qui recouvre d'un côté l'extrémité à insérer du rameau, nous l'avons légèrement taillée par côté et en glissant dans le but
de mettre plus directement en contact la sève de
part et d'autre.

Une particularité digne de remarque, c'est que
mes greffages en couronne de cette année (1864)
d'abord différés assez longtemps, pour attendre
plus de sève, ensuite remis au printemps suivant,
ont finalement été effectués avec grand succès,
mais si tard, qu'une personne qui, d'après mon
exemple, avait le projet de greffer suivant le même
procédé deux ou trois gros arbres, ne s'est pas
déterminée, disant à l'ouvrier que, « dès qu'il
n'était pas venu plus tôt, elle y renonçait pour
lors dans la crainte que, la saison étant aussi
avancée, on n'endommageât trop l'herbe de son
verger. » Si j'avais été présent, je me serais cer-
tainement opposé à un greffage aussi tardif et je
n'aurais pas laissé mutiler mes arbres, mais les
résultats ont été heureux, la témérité du greffoir est justifiée. Je regrette de n'avoir pas la date
précise de cette circonstance, mais bientôt des renseignements me permettront de la donner (1).

Il serait superflu de faire observer que pour
cette opération, non moins que pour celle en
fente, il faut couper de très bonne heure, c'est-à-

(1) C'était le 10 mai, tous les arbres étaient en fleurs.

dire avant la sève, tous ses rameaux à greffer, les
tenir avec grand soin au frais, par les moyens déjà
exposés précédemment; afin qu'à l'époque du
greffage, la sève n'y soit que réveillée et non encore en circulation, tandis qu'au contraire elle
doit être si abondante dans le sujet que l'écorce
s'en détache aisément et sans déchirure.

Le greffage avec des productions fruitières se fait
comme celui en écusson ordinaire, et consiste à
prendre des boutons à fleurs sur un arbre qui en
surabonde pour aller les insérer sur un autre très
vigoureux, qui en est habituellement dépourvu.

Les brindilles couronnées ou autres rameaux
terminés aussi par des boutons à fleurs peuvent
servir de greffons à fruit. A cette fin, vous les
taillez en biseau pour les insérer sous l'écorce,
comme les écussons ordinaires; puis, vous les
ligaturez, vous les mastiquez avec soin, afin de
les mettre à l'abri du contact de l'air. Ces greffons se soudent avec les branches et portent du
fruit dès l'année suivante. Cette opération a lieu
au mois de septembre, alors que les boutons sont
formés. On supprime la rosette de feuilles que
portent les boutons et l'on n'en laisse que le pétiole (la queue), et l'on ne greffe guère que sur le
bois de l'année précédente. Enfin, il ne faut pas
oublier d'envelopper d'une feuille les greffons pour
les mettre à couvert des rayons encore ardents
du soleil, en attendant leur reprise.

Il y a également le greffage en flûte, celui par
approche et un grand nombre d'autres, mais ces
procédés ne concernent pas, que je sache, les arbres que nous avons en vue dans ce mémoire.

Je ferai observer que très probablement on a
tort, surtout dans un climat un peu rigoureux, de
ne recouvrir de terre ou de mastic la partie gref-
fée que quand il s'agit du greffage en fente ou en
couronne; car, lorsqu'on greffe en écusson ordinaire ou avec *des productions fruitières*, principalement, l'un et l'autre à l'œil dormant soit à froid,

il est pareillement utile de couvrir, mais en laissant toujours l'œil à nu, avec un peu de terre, et même de mastic et de mousse fine ou de linge, qu'on lie comme nous l'avons expliqué à propos du greffage en écusson.

Quelque soit le mode ou procédé qu'on adopte pour greffer, il est prudent, nécessaire même, de placer à côté des sujets, tiges isolées ou branches, n'importe, des tuteurs rameux, afin de protéger les greffons et les jeunes rameaux contre les vents, et de présenter, le cas échéant, comme un juchoir aux oiseaux.

Taille des arbres. — La taille a pour effet, en distribuant avec plus d'égalité la sève dans toutes les parties de l'arbre, de donner à celui-ci une forme plus agréable, de le porter à produire plus souvent du fruit et de meilleure qualité.

Les arbres taillés avec intelligence vivent plus longtemps, attendu que la sève est ordinairement dans un parfait équilibre et que la production est mieux proportionnée à la vigueur du sujet.

Les arbres non taillés pendant les premières années de la plantation, surtout s'ils sont faibles et languissants, perdent du temps, ne se développent pas et ne présentent pas un aspect agréable. Si vous les laissez dans cet état, ils auront des branches latérales, trop longues relativement à l'ensemble, souvent confuses, exposées à s'affaisser sous le poids de la neige, portant très irrégulièrement du fruit; quelquefois, après plusieurs années stériles, il survient une récolte trop abondante pour que, dans cette fourrée de bois, elle puisse avoir quelque qualité, car la sève ne saurait suffire à tout. De plus, dans ce désordre végétal, les boutons à fleurs de l'année suivante souffrent et l'arbre s'épuise pour longtemps.

On taille actuellement, on pince même le pommier et le poirier à haute tige, jusqu'à ce qu'on ait obtenu la configuration qu'on désire.

La forme pyramidale est très belle pour tous les pays du monde, et elle est fort avantageuse partout où il tombe de la neige. Elle est la configuration que la Providence a donnée à la plupart des conifères qui se dressent sur nos hauteurs alpestres, malgré l'orage, malgré les neiges dont ils supportent impunément le poids. L'arbre à pyramide se compose d'une tige verticale qui, de la base au sommet, a des branches latérales, dont la longueur diminue proportionnellement à mesure qu'elles se rapprochent du point culminant. Elles sont disposées sur la tige de manière que l'air et la lumière, indispensables à la végétation et à la fructification, puissent pénétrer dans toute la charpente.

La taille des arbres faibles et languissants se fait avant l'hiver, aussitôt après la chute complète des feuilles. Mais les arbres vigoureux ne se taillent que lorsqu'ils commencent à pousser, parce que la taille tardive a pour résultat des pousses moins fortes qui se mettent plus vite à fruit.

L'opération de la taille doit avoir lieu, autant que possible, par un beau temps.

La taille du rameau se fait près de l'œil, sans laisser de chicot, afin que la plaie se couvre et disparaisse plus vite. Toutes les branches formant la charpente de l'arbre seront établies régulièrement et symétriquement, distantes entre elles et disposées de telle sorte qu'elles laissent dans l'intérieur de l'arbre des vides où l'air et la lumière circulent sans obstacle.

Dès que la charpente de l'arbre est bien établie, je veux dire communément cinq à six ans après la plantation, si aucun soin n'y a fait défaut, on se contente de trois ou quatre visites en temps opportun afin de couper les bourgeons gourmands qui croissent sur la tige ou sur les grosses branches, et de rabattre les branches qui souffrent ou qui se heurtent et font de la confusion.

Nous rappellerons en passant qu'on rajeunit les arbres et ceux qui sont malades en dégageant et raccourcissant plus ou moins les grosses branches, mais toujours sur des rameaux latéraux qui appellent la sève et de manière à maintenir à l'arbre une forme agréable.

Loin d'abandonner les arbres à eux-mêmes une fois plantés et de les oublier, qu'on leur donne avec un goût persévérant et éclairé les soins qui viennent d'être expliqués et qui ne sont ni difficiles ni coûteux. Que du moins on s'en occupe tant soit peu, et bientôt nous aurons des arbres agréablement constitués, d'une grande vigueur, produisant plus fréquemment du fruit et de meilleure qualité.

La fabrication du cidre, tout-à-fait défectueuse tant au point de vue des frais qu'elle entraîne qu'à celui de la qualité qu'on obtient, réclame impérieusement des améliorations. Ainsi mérite-t-elle de fixer très sérieusement l'attention de nos sociétés agricoles.

. *Quelques mots encore au sujet du cidre en Faucigny.* — Ainsi que j'en avais pris l'engagement, je viens ajouter quelques mots à mes observations sur la question du cidre. Nous nous occuperons tout d'abord des moyens à prendre pour le conserver.

« Ce n'est pas tout que de produire, il faut encore savoir conserver. Nos agriculteurs n'ont plus, en été, au lieu de cidre, qu'un liquide nauséabond. » Ces paroles si judicieuses sont de M. Dumont, président du Comice agricole de Bonneville; elles m'amènent à exposer familièrement, suivant mon habitude, par quels procédés j'ai vu conserver pour la belle saison, et même durant plusieurs années, une boisson si utile, si appréciée dans nos montagnes.

1° En principe, il y a une très grande différence entre la fabrication du cidre qui doit être livré

immédiatement à la consommation et celle du
cidre à conserver. Lorsqu'il s'agit de celui-ci, il
faut laisser parfaitement mùrir les fruits, que je
suppose être de diverses variétés et qu'il importe
de mélanger de manière que les plus acides domi-
nent. On les retire dans un lieu sec, à la grange,
par exemple, où on les laisse entassés pendant trois
semaines ou un mois, pour qu'ils acquièrent leur
seconde maturité.

2° Les tonneaux de chêne ou autre bois dur sont
préférables à ceux de bois blanc, et ils doivent con-
tenir au moins trois ou quatre cents litres ; de
moindre contenance, ils n'offrent pas les mêmes
garanties.

3° Les tonneaux pleins, à dix ou douze centimètres près, sont placés à la cave : là on les dé-
bouche, on pose simplement les bondons sur
l'orifice pour livrer passage aux lies que la première fermentation rejette à la surface. Afin de
faciliter l'expulsion de ces matières, on remplit
de temps en temps les tonneaux, dont on visite
fréquemment les bondes pour prévenir les acci-
dents que pourrait occasionner la fermentation.
Au cas où, pendant l'hiver, on aurait lieu de
craindre le gel, il serait prudent de soutirer une
certaine quantité de liquide, afin de ménager dans
chaque tonneau un vide suffisant pour la dilata-
tion. Si l'on tient à dépurer plus parfaitement le
cidre et même à le rendre meilleur, on verse quelques litres de cidre doux, tout frais, dans les tonneaux où la fermentation tire à sa fin. Cette addition amène une légère recrudescence de fermentation et donne au liquide la qualité en l'épurant
davantage. Lorsque la fermentation cesse, on verse
dans le tonneau un litre d'esprit de vin ou de
bonne eau-de-vie pour deux cents litres de liquide,
et l'on enfonce le bondon en réservant à côté
l'évent d'un trou de vrille, dans lequel on insère
un brin de paille, qui ensuite est remplacé par
une petite cheville qu'on n'enfonce complètement

que lorsque toute fermentation a cessé. Enfin, on recouvre le bondon de sable menu ou de cendres ordinaires.

Autre moyen de conserver le cidre et de le rendre agréable et vineux. — Mettez dans une cuve ou dans un tonneau défoncé des copeaux de hêtre (fayard) vert, remplissez cette cuve de cidre sortant du pressoir, pour qu'il y subisse sa première fermentation, ensuite soutirez. La sève du hêtre, en se combinant avec le cidre en fermentation, ajoute beaucoup à son goût et à sa qualité.

4° Pour empêcher le *graissage*, altération désagréable qui épaissit en quelque façon le cidre et le fait couler comme de l'huile, altération qui atteint quelquefois nos bons vins blancs, il faut, après la fermentation, en faire bouillir durant quelques heures le dixième à peu près de ce que la pièce contient et l'y remettre après l'avoir laissé refroidir, ensuite bondonner avec les soins ordinaires. Ce préservatif a été expérimenté avec plein succès, en 1861, par M. Emmanuel de Bellair, trop tôt ravi aux progrès de l'agriculture et à l'affection de ses amis.

Si, malgré cette précaution, le cidre devient gras, on y remédie en le collant et en l'agitant, puis on le soutire une seconde fois, après avoir ajouté un demi-litre d'alcool par 120 litres, ou une douzaine de belles poires concassées.

5° Il est assez reçu dans quelques-unes de nos vallées, où l'on boit du bon cidre, que pour le conserver il faut le laisser sur toute sa lie ; je connais un propriétaire qui, depuis plusieurs années, n'a jamais enlevé la lie d'un gros tonneau ; au moment du pressurage, il le remplit quoique non épuisé, et, malgré la lie successive d'un certain nombre de récoltes, le cidre s'y conserve parfaitement.

Sans entrer dans le détail des particularités qu'on peut observer ici ou là, j'affirme que, pour obtenir du cidre fort et le conserver, il faut le laisser sur la lie, sans le remuer, afin de ne pas le troubler, ni rompre la croûte, appelée *chapeau*, qui se forme à sa surface après la fermentation. Mais tout en acquérant de la force, il devient parfois un peu âpre, surtout si on a négligé, au moment de la première fermentation, les petites additions de cidre frais que j'ai conseillées plus haut. Pour y remédier, on peut y mêler du cidre doux, bouilli et réduit au sixième, ou bien un peu de miel, et mieux encore de la cassonade.

Mais quand on veut avoir du cidre doux, agréable, sans tenir à le conserver longtemps, on le soutire au bout d'un à deux mois, et on le met soit en tonneau, soit en bouteilles. Il est prudent de ne pas se presser de boucher les bouteilles ; on attend trois ou quatre jours, et on les place debout dans une bonne cave.

6° Une dernière condition, que je regarde comme essentielle, et sur laquelle, en général, on passe bien légèrement, c'est une cave fraîche en toute saison, aérée, à l'abri de réverbérations trop fortes au temps des chaleurs, éloignée de toute mauvaise odeur, de toute émanation provenant de matières quelconques en putréfaction, même de celle de fruits, d'herbes, de pommes de terre et autres produits agricoles entrés en décomposition.

Si l'on était un peu plus soigneux, on conserverait fort longtemps les cidres ; j'en ai bu, et du très bon, qui avait huit ou dix ans. Mais avec le peu d'attention qu'on y apporte, il n'est point étonnant que les cidres ne se conservent pas ; on pourrait s'étonner plutôt qu'il y en ait de potables dans la belle saison. Comment, en effet, sont-ils fabriqués, retirés, soignés ? En premier lieu, on traite le cidre qu'on veut conserver absolument comme celui qui doit être immédiatement consommé. Les fruits véreux, ou gâtés, ou tombés avant leur maturité, sont mêlés avec les autres, qu'on récolte très mal, par la pluie, à la rosée, et

qu'on presse indifféremment sitôt la récolte faite,
ou longtemps après, en les négligeant sur la terre
humide d'un verger. Assez fréquemment on fait,
avec des poires seules, ou avec des pommes dou-
ces, un cidre doux, il est vrai, un cidre mielleux,
mais dépourvu de principes spiritueux et d'acidité;
dès lors il ne tarde pas à devenir plat, noir ; il
perd toute saveur et prend un mauvais goût. Ce
n'est pas tout : suivant l'ancien usage, le plus défectueux assurément, on pile le fruit à la meule,
ou, pour parler plus exactement, on le réduit en
une pâte dont le jus s'extrait avec grande difficulté, et un jus épais, une vraie mélasse renfer-
mant trop de pulpe pour devoir se conserver (1).
Bien plus, on a encore la mesquine habitude d'o-
pérer le pressurage au moyen d'un lambeau de
toile qui, à chaque *serrée*, devenant jusqu'à un
certain point imperméable, demande à être mouil-
lée, ce qui introduit une grande quantité d'eau
dans le cidre; et c'est ce qui a porté à croire qu'a-
vec l'ancien système on obtient plus de cidre, ce
qui est faux. Ensuite on se sert de tonneaux d'une
trop petite capacité et de bois trop poreux ; on les
laisse exposés à des émanations d'écurie, de fosses
d'aisance, etc. Souvent aussi, pour cave on n'a
que des réduits trop humides ou trop chauds.

Que si les propriétaires, prenant souci de leurs
cidres et renonçant aux procédés surannés et
défectueux encore trop communément employés
pour la fabrication, en adoptaient de plus économiques et de plus perfectionnés ; que si égale-

(1) Au concours de Cruseilles, il a été exposé un
instrument à broyer le fruit pour la fabrication du cidre. J'aime à le rappeler, et je suis heureux de voir que
l'on comprend de plus en plus qu'il y a, sous ce rap-
port, de grandes modifications à établir, des améliorations à introduire. Puisse enfin se réaliser bientôt
mon désir de voir remplacer par des procédés plus
économiques, plus prompts et plus commodes, l'ancien mode, lent, coûteux et malaisé.

ment ils recherchaient de meilleurs tonneaux et des caves plus convenables, nous ne tarderions pas à obtenir des résultats surprenants : nos cidres seraient bien meilleurs et se conserveraient de longues années.

On distingue trois sortes de cidres : la *pure goutte*, le *mitoyen* et le *tiersage*. Le premier est le jus qu'on a pressé sans aucune addition d'eau, c'est le cidre proprement dit.

Cidre mitoyen. — Après l'opération du *pressurage*, on dépose le marc dans une cuve avec une quantité d'eau proportionnée à la qualité en même temps qu'au volume des fruits, à la force qu'on veut donner à la boisson et au temps durant lequel elle doit être conservée. Après avoir mélangé soigneusement le marc avec l'eau, on laisse cette bouillie se détremper pendant 24 heures, en la remuant de temps en temps avec une pelle de bois. Alors on soumet ce marc au pressurage, et l'on a un cidre léger qui ne laisse pas d'être encore une bonne boisson. On le met en tonneau, pour qu'il y fermente, comme le premier.

Le tiersage. — En cas de petite récolte, on fait une troisième pilée avec addition d'eau, mais en moindre quantité. On fortifie cette boisson en y ajoutant la lie de l'année précédente et celle de la première fermentation, si l'on a soutiré. On peut aussi y mêler les pommes véreuses, tombées avant la maturité.

Quelquefois on fait un autre *tiersage* en ajoutant seulement 25 litres d'eau à chaque pilée de 100 kilogrammes. Cette boisson se conserve peu ; on la consomme avant les chaleurs de l'été. En mouillant le marc avec ce petit cidre on obtient un produit plus délicat et souvent plus recherché que le cidre.

Lorsque le vin est cher et que la récolte du fruit a été faible, on peut à bon marché (10 centimes le

4

litre), préparer une boisson saine et agréable. On
met dans un petit tonneau 90 litres d'eau, 4 kilogrammes de pommes sèches, 2 kilogrammes de
raisins de Malaga et 250 grammes de graines de
genièvre; trois jours après on y ajoute un litre
d'alcool. On laisse macérer ce mélange durant 7
ou 8 jours, plus ou moins, suivant la température,
et l'on soutire la boisson pour la mettre en bouteilles ; 4 ou 5 jours après, on peut commencer à
en faire usage. On a soin de ne pas coucher les
bouteilles.

*Poiré ou piquette de poires crues ou séchées au
four.* — Pour faire du bon *poiré* avec des poires
crues, on met cinq décalitres de poires écrasées
pour un tonneau de deux hectolitres et demi. Au
bout de 25 à 30 heures, il s'établit une fermentation qui change la boisson, d'abord douce, en
liquide piquant et spiritueux. On remet sans inconvénient un peu d'eau à mesure qu'une certaine
quantité de poiré est consommée.

Quant au *poiré* fait avec des poires sèches, il
faut, pour un tonneau de deux hectolitres et demi,
trois décalitres de poires sèches; cette boisson se
traite comme la précédente.

On obtient encore diverses sortes de poirés, en
mêlant la poire avec d'autres substances.

1° On fait bouillir du cidre de poires, tout nou-
vellement pressé, en y ajoutant 12 à 15 pour 100
de raisins bien mûrs, cueillis après la rosée, ou
mieux encore 10 à 12 pour 100 de raisins secs;
on laisse refroidir, on retire le raisin pour le
fouler et on le remet dans le liquide. Ensuite, on
verse le tout dans un tonneau pour faire le soutirage dans une quinzaine de jours, et, au
bout de trois ou quatre mois de repos à la cave,
on a un bon vin blanc.

2° Dans un tonneau d'un hectolitre, on met
trois décalitres de poires réduites en pulpe, c'est-
à-dire bien broyées, et on achève de remplir avec
du sirop de sucre ou du miel, de la pesanteur

spécifique de huit degrés environ. Après avoir
fermé légèrement le tonneau, on le place durant
une huitaine de jours dans un lieu d'une température élevée, ensuite on tire dans un autre tonneau et on foule le marc. Après un mois de séjour
dans une bonne cave, cette boisson ne se distingue
guère des meilleurs vins blancs de raisins.

II.

LE PRUNIER.

Après les arbres à cidre, en Faucigny, vient le
tour du prunier, dont le produit peut, moyen-
nant des soins, devenir aussi très satisfaisant.

Avantages du prunier. — Ma tâche ici est facile : il me suffira presque, pour la remplir, de
rappeler l'instructif exemple de la commune de
Passy (canton de Sallanches) et d'exposer les en-
seignements, disons mieux, les leçons qu'on peut
y recueillir, témoin les détails intéressants que je
dois à l'obligeance éclairée et toute patriotique de
l'excellent maire (1) de cette industrieuse localité.

Il ne me saura pas mauvais gré, j'en ai la con-
fiance, que je reproduise à peu près textuelle-
ment une grande partie de ses judicieuses paroles : « L'étendue approximative du terrain
occupé, dit-il, par nos pruniers peut être évaluée
à 20 hectares environ, et le produit annuel, outre

(1) M. Bottollier, maire de Passy, où il est un des prin-
cipaux propriétaires et agronome intelligent. C'est lui,
dit-on, qui réussit le mieux, entre autres choses, dans
la dessication du pruneau.

la consommation locale fort considérable, atteint en moyenne le chiffre de 10 à 12,000 fr., au taux de 50 fr. les 100 kilogrammes. — Notre annexion à la France donne un fort écoulement à ce produit et en rend le débit de plus en plus certain.

« Le combustible du séchage des pruneaux est de minime valeur, puisqu'on peut se servir pour cela de broussailles et d'épines..... Le propriétaire intelligent trouve donc un bénéfice réel dans la récolte de ses pruneaux qui sont très recherchés à cause de leurs propriétés hygiéniques et de leur goût délicat, et préférés, quoique plus petits, à ceux de Tours et de la Suisse.

« Nous ne faisons sécher à Passy, continue M. le Maire, que deux sortes de prunes : la prune allemande (1) et la petite prune noire et ronde que nous appelons la *petite perdrigone* (2). Cette dernière étant plus hâtive, c'est le soleil qui fait les frais du séchage. On les place tout simplement sur une galerie en bois, bien propre, en ayant soin de les étendre une à une bien exposées à l'ardeur du soleil qui, par sa chaleur douce, les dessèche peu à peu sans en faire couler le jus. On les retourne de temps en temps, pendant un mois que dure pour l'ordinaire la dessication. Enfin, on les serre dans un endroit sec, couvert d'un linge blanc, de manière à éviter le contact de l'air, en attendant la vente ou les besoins du ménage..... On en fait d'excellentes compôtes et de plus on en assaisonne abondamment le volu-

(1) La prune allemande, à cause de la grande quantité qu'on en sèche habituellement à Passy, s'appelle dans notre pays *pruneaux* de Passy, mais c'est à tort, car le mot *pruneau*, d'après notre langue, sert à indiquer toute espèce de prunes sèches, quelle qu'en soit la variété.

(2) La petite prune noire dont il s'agit n'est point un perdrigon, mais une prune à l'état sauvage, plutôt commune dans nos hameaux et assez bonne à faire sécher.

mineux poudding dont nos ménagères sont dans
l'habitude de nous régaler les jours de fête.

« La prune allemande étant plus tardive et
plus grosse, il faut nécessairement se servir du
four pour en opérer la parfaite dessication. Voici
comment on s'y prend : on les étend une à une
sur des claies en osier dont les bords ne doivent
pas avoir plus de douze centimètres de hauteur,
mais d'une longueur et largeur proportionnées à
la grandeur et à la configuration du four, afin d'en
placer là plus grande quantité possible. La chaleur
du four sera modérée, de cinquante à soixante-
et-dix degrés, afin que la dessication ait lieu len-
tement. On visite de temps en temps pour s'assurer si le four n'est point trop chaud ; au bout
de vingt-quatre à trente heures, on retire la four-
née et on la soumet à un triage minutieux, car la
dessication ne s'opère pas également. Les claies
les plus rapprochées de la voûte ou des dalles sont
souvent à moitié sèches déjà, tandis que celles du
milieu sont à peine flétries ; il faut donc un soin
tout particulier pour placer ensemble les prunes
sèches au même degré et les remettre au four de
manière que la dessication s'opère avec le plus
d'uniformité possible. Cette opération se réitère
trois ou quatre fois, si c'est nécessaire. Et toujours
on a soin de modérer la chaleur du four, suivant
l'état des pruneaux à sécher. Quand ils sont bientôt secs, on porte les claies (1) sur la galerie pour
profiter du soleil qui souvent achève l'opération
en peu de jours si le temps est favorable. »

Vous venez de le voir, la dessication de la prune

(1) Elles sont divisées en plusieurs pièces de di-
mensions diverses et telles qu'elles puissent aisément
entrer dans le four et s'y joindre de façon à former un
tout complet. Quelques-unes de ces pièces sont de forme
circulaire afin de remplir tout l'espace formé par la ro-
tondité du four ; les autres sont successivement super-
posées les unes aux autres jusqu'à la voûte.

hâtive est aisée et donne peu d'occupation ; celle
de la prune tardive, l'allemande, si elle est plus
avantageuse, cause aussi plus d'embarras et entraîne quelques petits frais. C'est pourquoi, à défaut de mieux, contentons-nous du prunier hâtif,
il est assez productif pour qu'on puisse affirmer
que, si l'on en étendait et soignait la culture, une
quarantaine de communes, en Faucigny, aug-
menteraient notablement leur bien-être. Que les
localités qui n'ont pas à prétendre de pouvoir
cultiver le prunier tardif pour en tirer le même
parti que Passy, terre vraiment classique de cet
arbre, par sa composition schisteuse-calcaire, par
son exposition méridionale, sans parler des soins
traditionnels que les habitants savent consacrer
au produit de leur arbre de prédilection ; que ces
localités renoncent à la prune allemande qui, d'une
maturation lente et d'une pulpe ferme, n'est pas
susceptible d'être convertie en bons pruneaux ;
mais ne réussirait-elle que dans vingt à vingt-
cinq communes (et ce chiffre est modeste) des
mieux exposées, ce serait encore pour le pays un
avantage considérable ? D'ailleurs, si vous ne vou-
lez pas courir les risques d'une telle récolte, choisissez des variétés de prunes plus hâtives, la petite noire, par exemple, dont il a déjà été question,
et qui, dans une exposition favorable, un peu
abritée contre le vent, mûrit presque partout où
il y a des maisons à demeure ; la blanche un peu
ovale, dont la pulpe est adhérente au noyau, plusieurs prunes rouges fort précoces, la prune reine-
claude et tant d'autres, assez précoces, peuvent
mûrir convenablement et être bonnes tant à man-
ger qu'à sécher ; car, on ne doit pas l'ignorer,
avec un peu d'industrie on obtient d'assez bons
pruneaux par la dessication de toute espèce de
prunes, et ceux de reine-claude sont excellents.
D'ailleurs, on sait combien dans nos campagnes il
se consomme de prunes en marmelade, en com-
pôte, en confiture, à l'eau-de-vie, en gâteaux, etc.,

autant d'aliments propres à rafraîchir et bien
goûtés, surtout au temps des chaleurs et pendant
les grands travaux. Enfin, on extrait de ce fruit
une eau-de-vie fort bonne, pourvu qu'en distil-
lant on ait la précaution de mettre dans l'alam-
bic, et à chaque cuite, une forte poignée de
feuilles de cerisier.

Ces quelques mots, j'aime à le croire, démon-
trent que nous sommes redevables à la Providence d'une source de biens que nous négligeons
ou que nous n'exploitons que faiblement. En effet, nous avons peu de hameaux où il ne soit possible de cultiver fructueusement quelque espèce
ou variété de prunier.

Culture du prunier. — Suivant nos arboricul-
teurs, le prunier est l'arbre qui s'accommode le
mieux de la nature du sol; il réussit partout, excepté dans les sables siliceux purs et dans les terrains marécageux. Sous notre climat, un terrain
léger, où l'élément calcaire domine et qui est de
bonne qualité, puis l'exposition de l'*est* ou du *sud*,
telles sont les conditions qui lui conviennent parfaitement. Le prunier n'aime pas la solitude des
champs, principalement à la montagne; il réussit
beaucoup mieux dans le voisinage des maisons.
C'est un fait; quelle en est la cause? Est-ce la
qualité du terrain frais et gras? Est-ce l'abri
qu'offrent les bâtiments? Est-ce la fumée qui s'en
échappe, ou sont-ce des émanations qui ne se
rencontrent pas ailleurs? C'est peut-être un peu
tout cela. Quoi qu'il en soit, je persiste à croire
que dans notre pays le prunier, lorsqu'il est cul-
tivé à peu de distance des habitations, profite in-
comparablement mieux que nulle part.

Si l'on tenait à cultiver des pruniers dans des
endroits montagneux et exposés aux vents où il
n'en existe point encore ou presque point et de
chétive apparence, il faudrait les placer contre
des murs, contre la maison, la grange, le grenier

ou autres constructions, et les établir en espalier,
aussi près du sol que la nature des lieux peut le
permettre. La taille des rameaux sera dirigée un
peu obliquement; elle servira à mettre en parfait
équilibre, en parfaite symétrie les branches formant la charpente de l'arbre, lesquelles, ainsi disposées, aspireront également leur part de sève,
sans porter aucun trouble dans l'économie générale de l'arbre.

Les branches qu'on appelle *charpentières*, qui
forment le squelette de l'arbre et sont destinées à
répartir la sève dans toutes ses parties, doivent
être distancées d'environ vingt-cinq à trente centimètres les unes des autres et régulièrement établies, de section en section, jusqu'au sommet. On
aura soin de commencer par les deux branches
inférieures, qu'il faut avant tout former convenablement, ensuite on passe à celles de la deuxième
section, et ainsi de suite. Les pruniers en espalier,
s'ils sont bien conduits, peuvent devenir très pro-
ductifs, là même où jusqu'à ce jour il n'y en a
jamais eu.

Le prunier se multiplie par semis ou par drageons.

Le semis. — Les règles que nous avons tracées
touchant le semis des arbres à cidre conviennent
aussi à celui du prunier. Les noyaux de prunes,
bien choisis sur des arbres vigoureux, seront de
même soumis à la stratification et de la manière
suivante : mélangez ces noyaux avec du sable fin
ou de la terre légère plutôt sèche qu'humide, for-
mez-en un tas que vous placerez sur un point
assez élevé du jardin, pour que les eaux de l'hiver
ne s'y arrêtent pas. Ensuite vous recouvrirez le
tout d'une couche de sable ou de terre légère de
0".40, et vous placerez par dessus une petite couche de paille longue, disposée de manière à faire
couler l'eau par côté sans qu'elle pénètre. Dans le
même but, vous recouvrirez le sommet au moyen

d'un vase renversé. Enfin, vous creuserez une petite rigole autour de ce tas ou cône pour favoriser l'écoulement des eaux. Ce mode de stratification est préférable à celui qu'on fait quelquefois dans les caves; le semis réussit mieux.

Dans le courant de mars, lorsque, assez communément en ce pays, les noyaux commencent à germer et que le froid n'est plus à craindre, vous les retirez avec précaution du monticule pour les mettre immédiatement dans une terre fraîche et substantielle, préparée avec autant de soin que pour le semis du pommier et du poirier; vous les disposez en ligne et à la même distance que les pepins. Pendant l'été, vous binez vos plantes, vous les débarrassez des herbes, vous les sarclez et arrosez même, si c'est nécessaire. Vous finissez par ne leur laisser qu'une seule pousse, je veux dire la tige du centre, que vous ébourgeonnez insensiblement jusqu'à la hauteur de $0^m,12$ à $0^m,15$ au-dessus du sol, en vous servant d'une serpette bien affilée. Il serait prudent de ne couper qu'un bourgeon par jour sur le même pied, et de ne pas dépasser la hauteur indiquée, par la raison que ces petites ramifications concourent au grossissement de la jeune tige.

Les drageons. — Les drageons sont de petites pousses ou branches qui sortent du pied d'un arbre et qui peuvent prendre racine quand on les transplante. Le prunier, l'allemand entre autres, drageonne facilement, surtout lorsqu'il provient lui-même du drageon; et comme tout arbre produit d'autant moins de fruits qu'il alimente plus de drageons, il va de soi qu'il faut arracher ces drageons et en débarrasser l'arbre sans en mutiler trop les racines. Voilà pourquoi on préfère aux arbres nés de drageons ceux qui proviennent de semis, et qui sont plus richement munis de racines et de chevelu. On prétend, il est vrai, que les pruniers provenus de drageons fructifient plus

vite, et que, d'un autre côté, ils donnent plus de
facilité à peupler promptement une pépinière;
mais par contre, il y a tout à craindre qu'on n'arrive à une prompte dégénération. Nous n'hésitons
donc pas à nous prononcer en faveur du semis,
et nous ne comprenons pas qu'à Passy, où nous
avons tout à apprendre, tant à imiter, on n'ait
pas encore renoncé au mode défectueux de propager le prunier allemand par drageons, et *assez
souvent*, dit M. Bottollier, *sans prendre la peine
de transplanter*. Que n'y fait-on des semis bien con-
d⁀tionnés, parfaitement conduits! Que n'apporte-
t-on plus de soin, en général, à la culture de cet
arbre providentiel dans cette riche colline! On en
serait généreusement récompensé par des fruits
plus beaux, de meilleure qualité et de récolte plus
assurée. Il est à désirer qu'on se mette à y greffer
le prunier en écusson; dès qu'on verra combien
le greffage améliore et maintient la qualité du
fruit, sujette, comme toute autre production de
la terre, à une dégénérescence plus ou moins sen-
sible, je suis persuadé que l'on continuera fidèle-
ment cette utile opération. D'un autre côté, on
n'ignore pas que c'est par ce moyen qu'on peut
obtenir toutes les variétés désirables de fruits, et,
à ce propos, il me semble qu'on est par trop ex-
clusif, qu'on s'en tient trop servilement aux seules
variétés qu'on a toujours vues, toujours récoltées.
Après tout, pourquoi craindrait-on si fort d'es-
sayer, d'expérimenter? N'est-ce pas par là que
nous avons été enrichis d'un grand nombre de dé-
couvertes et d'améliorations du plus haut intérêt?
Au surplus, entendons-nous bien, je ne propose
des changements qu'à titre d'essai, et jusque-là,
il n'y a rien à craindre. Si l'expérience ne répond
pas à ce qu'on en attend, on revient à l'ancien
usage.

Pour la plantation et la taille du prunier, pour
les soins et la surveillance à continuer, surtout
pendant les cinq à six ans qui suivent la mise en

terre, nous rappellerons, à peu de chose près, les
prescriptions exposées plus haut concernant le
pommier et le poirier, et c'est par là que nous
terminerons nos observations à l'adresse des ar-
boriculteurs du Faucigny.

Si mes paroles, quoique dictées par le plus pur
patriotisme et par le sincère désir de rendre service (1), ne sont pas assez persuasives par elles-
mêmes, j'ai tout lieu d'espérer qu'après avoir assi-
gné pour sujet d'un mémoire spécial, *l'utilité et
la culture des arbres à cidre et du prunier*, la Société départémentale d'agriculture, et surtout son
président, à qui l'honneur de l'initiative en revient, de concert avec le Comice agricole de Bonneville (2), y suppléera par des primes ou autres
encouragements. Il est reconnu qu'en matière
d'agriculture, pour arriver à quelques bons résultats, il ne suffit pas de répandre des idées, de
développer des théories, de proposer des améliorations, il est indispensable de stimuler et de
déterminer le progrès par d'honorables récom-
penses. Conséquemment, bien que pour le moment
les réflexions qu'on vient de parcourir soient suf-
fisantes, sans néanmoins que je me flatte d'avoir
traité d'une manière complète une question encore neuve pour nous; conséquemment, pour que
mes conseils ne passent inaperçus et ne demeurent
sans effet, ils doivent en quelque sorte être fécon-
dés par l'appât de ces rémunérations publiques
d'autant plus séduisantes qu'elles partent de plus

(1) Ce genre de service est à la fois matériel et moral.
« Nos localités sont spacieuses, dit M. le maire de Passy,
il y a place pour tous les produits ; en encourageant
nos populations, en accordant quelques primes au travail intelligent, nous éviterons ces nombreuses émigra-
tions qui, le plus souvent, ne causent dans les villes que
perturbation et désordre. »

(2) M. Dumont, président de ce Comice, partage
pleinement mon avis sur la question.

haut et qu'elles sont entourées de l'éclat et de la solennité de nos concours.

Partant de cette supposition, s'il m'était permis d'émettre un vœu et de formuler une proposition, je m'exprimerais à peu près comme suit : Reconnaissant combien il importe de propager dans l'arrondissement de Bonneville les arbres à cidre et le prunier, je propose qu'au prochain concours de N. il soit décerné des primes aux cultivateurs qui se seront distingués quant aux objets suivants :

1° Le semis, en fait de pommier, poirier et prunier, établi cette année dans les meilleures conditions, semis dont on aura donné avis à l'autorité compétente avant de le créer;

2° Les instruments et procédés les mieux perfectionnés pour la fabrication du cidre;

3° Le meilleur cidre en cercle ou en bouteille, avec des renseignements sur le mode de fabrication employé;

4° La plus belle plantation, s'il y a lieu, et de la plus belle venue.

Observations. — Afin de procéder avec un ordre tout à fait naturel, nous commencerons par le semis, nous arriverons ensuite à la plantation d'arbres de semis, puis à la taille, etc.

Quant à la plantation, le nombre des arbres ne constitue pas à lui seul tout le mérite de cette opération; car on commence à comprendre, et c'est très heureux, que le nombre, indépendamment de la date depuis la mise en terre, abstraction faite des procédés employés, de la qualité des arbres, de leurs apparences, que le nombre peut fort bien être illusoire et n'amener aucun progrès. Quels résultats, en effet, pourrait avoir une plantation d'arbres provenant d'une vieille pépinière et dont la plupart languiraient et finiraient par périr dans peu d'années? En bonne règle, une plantation ne devrait être primée qu'au bout de deux ans, afin que les procédés employés, la végétation, la réussite, en un mot, sous tous les rapports, puissent être appréciés avec une certaine portée pratique.

Il serait bien équitable d'établir une différence entre les plantations faites dans des terrains naturellement de bonne qualité, et celles qui n'ont été mises en bonne voie qu'à force de labeurs et de soins; entre les arbres cultivés en propriété privée et ceux cultivés en propriété communale; entre les arbres greffés et ceux qui sont à l'état sauvage.

Mais n'anticipons pas; attendons l'époque où toutes ces questions seront mises à l'ordre du jour et sagement jugées par les sociétés agricoles, dont, à cet égard, nous reconnaissons la compétence et l'autorité.

www.ingramcontent.com/pod-product-compliance
Lightning Source LLC
Chambersburg PA
CBHW071337200326
41520CB00013B/3013